Elassad ben Malik Youssouf

LES PAROLES DES SOUVENIRS

Elassad ben Malik Youssouf

LES PAROLES DES SOUVENIRS

Les citations des élèves de terminal (cmr)

Éditions Vie

Imprint
Any brand names and product names mentioned in this book are subject to trademark, brand or patent protection and are trademarks or registered trademarks of their respective holders. The use of brand names, product names, common names, trade names, product descriptions etc. even without a particular marking in this work is in no way to be construed to mean that such names may be regarded as unrestricted in respect of trademark and brand protection legislation and could thus be used by anyone.

Cover image: www.ingimage.com

Publisher:
Éditions Vie
is a trademark of
Dodo Books Indian Ocean Ltd. and OmniScriptum S.R.L publishing group

120 High Road, East Finchley, London, N2 9ED, United Kingdom
Str. Armeneasca 28/1, office 1, Chisinau MD-2012, Republic of Moldova, Europe
Managing Directors: Ieva Konstantinova, Victoria Ursu
info@omniscriptum.com

Printed at: see last page
ISBN: 978-620-9-50426-6

LES PAROLES DES SOUVENIRS

Citations écrit par les élèves de Tc

ELASSAD YOUSSOUF

04/02/2026

Les paroles des souvenirs

UN livre qui a été écrit par : Mr Elassad ben malik youssouf

En souvenir de la classe de terminal C

DE l'année 2024 2025

A PROPOS DU LIVRE

Ce livre rassemble une collection unique de citations créées par les élèves de

Terminale C au cours de l'année scolaire. Chaque phrase, chaque pensée, reflète un moment de réflexion, d'humour, de sagesse ou d'émotion vécu en classe ou partagé entre camarades. À travers ces mots, les élèves ont exprimé leur vision du monde, leurs rêves, leurs doutes et leur esprit critique. Ce recueil est bien plus qu'un simple ensemble de phrases : c'est une trace vivante de leur passage, une mémoire collective qui témoigne de leur créativité, de leur sensibilité et de leur capacité à penser librement. Ces citations sont le fruit d'un travail spontané, parfois inattendu, mais toujours authentique. Elles montrent que même dans les instants les plus ordinaires, il est possible de faire jaillir une pensée extraordinaire. Nous espérons que ces mots inspireront, feront sourire ou réfléchir ceux qui les liront. Car derrière chaque mot se cache une voix, une personnalité, une histoire. Ce livre est une invitation à écouter ces voix, à les comprendre, et peut-être à y trouver un écho personnel. À tous ceux qui liront ces pages : que ces pensées d'élèves vous rappellent que chaque esprit, même jeune, peut éclairer le monde.

PARTICIPANTS

ELASSAD BEN MALIK YOUSSOUF

HADJIRA SALIM HALIFA

KOULTHOUM SAINDOU

NAWAL SOIRFANE

SAID OMAR

TACHIRIFA ALI

WINDATI ASSANI

Citations de Mr Elassad

1. « La plus belle chose qui me soit arrivée dans ce monde est d'avoir eu

l'opportunité de grandir. »

Interprétation

Cette phrase exprime une profonde reconnaissance envers le processus de croissance personnelle. Elle ne parle pas seulement du fait de vieillir ou de passer d'un âge à un autre, mais de l'évolution intérieure : apprendre, mûrir, surmonter les épreuves, découvrir ses forces et ses failles. Dans un monde souvent marqué par l'instabilité, les injustices ou les incertitudes, le simple fait de pouvoir grandir — physiquement, intellectuellement, émotionnellement — devient un privilège. Cela signifie avoir traversé des expériences qui ont forgé l'identité, permis de mieux comprendre la vie et d'accéder à une forme de sagesse. C'est une déclaration d'humilité et de gratitude : reconnaître que le chemin parcouru, avec ses hauts et ses bas, est en soi une bénédiction.

2. « Avant de mépriser autrui en raison de son origine, assurez-vous que les

vôtres descendent des anges. »

� Interprétation

Cette phrase est une mise en garde puissante contre le racisme et les jugements fondés sur l'origine ethnique. Elle invite à l'humilité et à la réflexion : avant de porter un regard hautain ou discriminatoire sur une personne en raison de sa race, il convient de s'interroger sur la légitimité morale de ce jugement. La référence aux "anges" est symbolique : elle évoque la pureté, la perfection, une origine céleste. En d'autres termes, personne n'a une ascendance irréprochable ou divine qui lui permettrait de se croire supérieur aux autres. Nous sommes tous humains, imparfaits, issus d'histoires complexes. Aucun peuple, aucune race ne peut prétendre à une supériorité intrinsèque. Cette affirmation dénonce l'arrogance et l'ignorance qui nourrissent les préjugés raciaux. Elle rappelle que le respect de l'autre commence par la reconnaissance de notre propre humanité —faillible, diverse, et égale en dignité.

3. « Nous existons parce que notre présence est une nécessité. »

ou, dans une forme plus poétique : « Nous sommes, car il nous faut être. »

� Interprétation

Cette phrase évoque une idée profonde : celle de la destinée, du sens de l'existence, et du rôle que chacun joue dans le monde. Elle suggère que notre présence ici n'est pas un hasard, mais une réponse à un besoin — que ce soit celui de l'univers, de la société, ou d'un dessein plus grand. Dire « Nous sommes, car il nous faut être » revient à affirmer que notre existence a une valeur intrinsèque, une mission, même si elle n'est pas toujours visible ou comprise. Cela peut être interprété comme une invitation à embrasser sa vie avec responsabilité, à chercher ce pourquoi nous sommes là, et à reconnaître que chaque être humain a une raison d'être. C'est une pensée à la fois existentielle et motivante : elle pousse à ne pas douter de sa légitimité, à croire que notre simple présence est déjà une réponse à quelque chose de fondamental.

4. « Le calme m'a révélé la vérité ; je ne vois aucun inconvénient à ce que vous l'essayiez-vous aussi. »

� Interprétation

Cette phrase met en lumière la puissance du silence et de la sérénité comme voie vers la lucidité. Elle suggère que dans le tumulte du monde — entre bruits, distractions et agitation — la vérité peut rester voilée. Mais lorsque l'on s'accorde un moment de calme, d'introspection, les choses deviennent plus claires, plus vraies. Le calme ici n'est pas simplement l'absence de bruit, mais un état intérieur : celui qui permet de se reconnecter à soi-même, de réfléchir sans pression, de percevoir les choses avec justesse. C'est dans ce silence que les illusions tombent, que les vérités profondes émergent. L'affirmation invite les autres à faire de même, sans prétention ni obligation : elle propose une voie, une expérience, avec bienveillance. Elle dit en substance : « J'ai trouvé quelque chose de précieux dans le calme, peut-être que vous le trouverez aussi. »

5. « La chance ne sourit ni aux infidèles ni aux cruels. La vie offre en retour ce que nos efforts méritent. »

� Interprétation

Cette pensée repose sur une vision morale et méritocratique de l'existence. Elle affirme que la chance — souvent perçue comme une force aléatoire — n'est pas véritablement favorable à ceux qui trahissent ou agissent avec cruauté. Autrement dit, le destin ne récompense pas l'injustice ou la duplicité. La seconde partie renforce cette idée en soulignant que la vie distribue ses bienfaits en fonction de l'engagement et du travail fourni. Elle valorise l'effort, la persévérance, et l'intégrité comme fondements d'une existence épanouie. Ce n'est pas le hasard, mais la constance et la droiture qui attirent les vraies récompenses. C'est une affirmation à la fois éthique et motivante : elle invite à agir avec loyauté, à cultiver la bonté, et à croire que les fruits de la vie sont proportionnels à la qualité de nos actes.

6. « Si le destin n'avait aucune faille, nos lumières auraient déjà jailli. »

� Interprétation

Cette phrase poétique suggère que le destin, tel qu'il est, comporte des imperfections — des obstacles, des retards, des injustices — qui empêchent l'épanouissement immédiat de notre potentiel. Les "lumières" symbolisent ici nos talents, nos vérités, notre grandeur intérieure. Elles représentent ce que nous avons de plus noble à offrir au monde. L'affirmation sous-entend que si le destin était parfaitement juste ou fluide, notre éclat personnel serait déjà visible, reconnu, pleinement exprimé. Mais les failles du destin — qu'elles soient sociales, personnelles ou universelles — freinent cette émergence. C'est une pensée à la fois lucide et pleine d'espoir : elle reconnaît les imperfections du monde, mais affirme aussi que la lumière existe en chacun de nous, prête à jaillir dès que les conditions le permettront.

7. « J'ai choisi de suivre le courant pour aller vite, car à quoi bon s'opposer ? »

� Interprétation

Cette phrase exprime une forme de résignation stratégique ou une adaptation pragmatique. Elle évoque le choix de ne pas lutter contre les circonstances, les normes ou les attentes, mais plutôt de s'y fondre pour avancer plus rapidement.

- « Suivre le courant » : Cela peut symboliser le conformisme, l'acceptation des règles établies, ou le fait de ne pas chercher à changer ce qui semble immuable.

- « Pour aller vite » : Cela suggère une volonté d'efficacité, de rapidité, peut-être même d'éviter les conflits ou les complications.

- « À quoi bon s'opposer ? » : Cette question rhétorique traduit une lassitude ou une lucidité : parfois, s'opposer semble inutile, coûteux, voire contre-productif.

C'est une réflexion sur le compromis entre authenticité et efficacité, entre rébellion et adaptation. Elle peut être vue comme une critique douce de la société ou comme une stratégie personnelle pour survivre dans un monde exigeant.

8. « Ainsi va la vie : tout ce qui est ne serait qu'illusion, voilée par le désir et

l'amour. »

� Interprétation

Cette pensée plonge dans une vision philosophique et presque métaphysique de l'existence. Elle suggère que la réalité telle que nous la percevons est façonnée — voire déformée — par nos émotions et nos aspirations.

- « Tout ce qui est ne serait qu'illusion » : Cela évoque l'idée que notre perception du monde est subjective, influencée par nos croyances, nos attentes, nos projections. C'est une idée proche du bouddhisme ou de certaines philosophies idéalistes : la réalité n'est pas absolue, elle est interprétée.

- « Voilée par le désir et l'amour » : Ces deux forces humaines fondamentales sont présentées comme des filtres. Le désir pousse à voir ce qu'on veut voir, à poursuivre ce qui nous échappe. L'amour, lui, embellit, magnifie, parfois aveugle. Ensemble, ils recouvrent la vérité brute d'un voile émotionnel. En somme, cette affirmation propose une lecture lucide et poétique de la vie : nous ne voyons pas le monde tel qu'il est, mais tel que nos cœurs et nos manques nous le peignent.

9. « Il n'y a de folie quelque part que si nous décidons qu'elle existe. »

� Interprétation

Cette affirmation explore la relativité de la notion de folie. Elle suggère que la folie n'est pas une vérité universelle, mais une construction mentale ou sociale : elle existe parce que nous choisissons de la nommer ainsi.

- « Il n'y a de folie… que si nous décidons » : Cela met en lumière le pouvoir du jugement humain. Ce que l'on considère comme fou peut être simplement différent, incompris, ou en rupture avec les normes.

-« Quelque part »: Cette expression ajoute une nuance : la folie n'est pas omniprésente, elle surgit dans des contextes précis, souvent selon notre regard.

- En somme, cette phrase remet en question les critères du “normal” et du “anormal”, et invite à une réflexion sur la subjectivité du regard que nous portons sur les autres — et sur nous-mêmes.

10. « Le succès et l’échec sont comme le lundi et le mardi : tout n’est

qu’intervalle. »

� Interprétation

Cette affirmation propose une vision fluide et détachée des notions de réussite et d’échec. Elle les compare à des jours de la semaine — ordinaires, cycliques, inévitables — pour souligner leur caractère transitoire.

- Succès et échec : Plutôt que de les voir comme des états définitifs, cette phrase les présente comme des moments passagers, des étapes dans le mouvement de la vie.

- Lundi et mardi : Ces jours ne sont ni glorieux ni tragiques, ils se succèdent simplement. De même, le succès peut suivre l’échec, et vice versa, sans que l’un ou l’autre ne définisse l’ensemble du parcours.

- « Tout n’est qu’intervalle » : Cette formule philosophique suggère que la vie se joue dans les transitions, les passages, les entre-deux. Rien n’est figé, tout évolue. En somme, cette pensée invite à relativiser les hauts et les bas. Elle encourage à ne pas s’attacher excessivement aux résultats, mais à embrasser le mouvement, le rythme naturel de l’existence.

Citations de Hadjira

1. Le véritable amour, c'est celui qui te comprend, celui qui t'aide à te relever quand tu tombes, celui qui est là pour toi, même quand c'est difficile. C'est ça, le véritable amour.

� Interprétation :

Ce texte exprime une vision profonde et sincère de l'amour : pas celui des apparences ou des moments faciles, mais celui qui se manifeste dans les épreuves. Le véritable amour, selon cette pensée, est une présence constante, une main tendue quand on chute, une écoute silencieuse quand les mots manquent. Il ne juge pas, il soutient. Il ne fuit pas les tempêtes, il y fait front avec toi. C'est une définition de l'amour comme solidarité émotionnelle, empathie, et fidélité dans l'adversité. En somme, l'amour véritable n'est pas seulement un sentiment, c'est un engagement.

2. La confiance en soi est une chose précieuse. Quoi qu'il arrive, il faut toujours garder confiance en soi.

�Interprétation :

Ce message met en lumière une vérité essentielle : la confiance en soi est une force intérieure qui nous aide à affronter les défis, à surmonter les doutes, et à avancer malgré les obstacles. Elle ne dépend pas des circonstances extérieures, mais de la manière dont on se perçoit et dont on croit en ses capacités. Même quand tout semble incertain, croire en soi, c'est refuser de se laisser définir par l'échec ou le jugement des autres. C'est se dire : "Je suis capable, je mérite, et je vais y arriver." C'est une invitation à cultiver l'estime de soi comme un bouclier contre les vents contraires de la vie.

3. Chaque échec rencontré est une nouvelle force qui naît en nous. Il nous façonne, nous rend plus résilients, et nous prépare à mieux réussir.

� Interprétation :

Ce message célèbre l'idée que l'échec n'est pas une fin, mais un passage. Chaque fois qu'on tombe, on apprend. Chaque fois qu'on doute, on grandit. L'échec devient alors un moteur de transformation, une source de courage, et une leçon de vie.

Plutôt que de le craindre, il faut l'accueillir comme un allié discret qui nous pousse à nous dépasser. Car en vérité, ce n'est pas l'échec qui nous définit, mais la manière dont on s'en relève.

4. "Moi aussi je m'aime moi."

Elle peut sembler simple, mais elle est puissante, profonde, et pleine de nuances Affirmation de soi après une période de doute.Cette phrase peut surgir après des moments de fragilité, de rejet ou de manque d'estime. Elle devient alors un cri de renaissance : "J'ai été ignoré, blessé, sous-estimé… mais aujourd'hui, je choisis de m'aimer. Moi aussi, j'ai de la valeur." C'est une reconquête de soi, une façon de se remettre au centre de sa propre vie.

. Résistance face au jugement

des autres Dans un monde où les regards extérieurs peuvent être durs, cette phrase est une armure émotionnelle : "Peu importe ce que les autres pensent, moi aussi je m'aime. Et c'est suffisant." C'est une déclaration d'indépendance affective, une manière de dire : "Je ne me définis plus par les opinions extérieures."

. Début d'un chemin vers l'amour de soi

Parfois, cette phrase est dite avec hésitation, comme une graine qu'on plante :"Moi aussi je m'aime… enfin, j'apprends à le faire." Elle marque le début d'un travail intérieur, une volonté de se guérir, de se pardonner, de se reconstruire.

. Célébration joyeuse et assumée

Elle peut aussi être dite avec fierté, sourire aux lèvres, dans un moment de légèreté : "Moi aussi je m'aime, parce que je suis génial(e), drôle, unique, et j'ai le droit de le reconnaître!". C'est une célébration de son unicité, sans arrogance, juste avec joie.

. Réponse à une déclaration d'amour

Imagine quelqu'un qui te dit : "Je t'aime."

Et toi, tu réponds : "Moi aussi je m'aime."

C'est inattendu, presque provocateur, mais ça peut signifier : "Avant de t'aimer, je dois m'aimer moi-même. Mon amour pour moi est la base de tout." C'est une priorité affective, une manière de poser des limites saines.

. Affirmation spirituelle ou philosophique

Dans une vision plus profonde, cette phrase peut refléter une acceptation totale de soi : "Je m'aime avec mes défauts, mes blessures, mes forces. Je suis un être complet, digne d'amour." C'est une forme de paix intérieure, une union entre le corps, l'esprit et le cœur.

� Conclusion :

"Moi aussi je m'aime moi" est bien plus qu'une phrase. C'est une révolution intime. C'est le début de la liberté. C'est le socle sur lequel tout amour authentique peut se construire.

Citations de Koulthoum

1. Travaille dur en silence, et laisse ton succès faire du bruit.

Interprétation :

Cette phrase est une philosophie de vie et de réussite. Elle invite à la discipline, à la patience, et à la modestie. Voici plusieurs façons de l'interpréter :

. L'art de la discrétion dans l'effort

Plutôt que de parler de ses projets, de ses ambitions ou de ses rêves à tout-va, cette citation encourage à agir dans l'ombre, à se concentrer sur le travail, sans chercher la validation immédiate. Le silence devient alors un espace sacré où l'on construit, apprend, progresse.

. Le succès comme réponse naturelle

Quand le travail est bien fait, les résultats parlent d'eux-mêmes. Pas besoin de se vanter, ni de convaincre les autres : Le succès devient le porte-parole de ton engagement. C'est une manière élégante de dire : "Je n'ai pas besoin de prouver quoi que ce soit. Mon succès le fera pour moi."

. Humilité et maîtrise de soi

Cette phrase valorise aussi une attitude humble: ne pas chercher à briller trop tôt, ne pas se précipiter pour être vu. Elle enseigne la force tranquille, celle qui ne cherche pas l'attention, mais la transformation.

. Une stratégie puissante dans un monde bruyant

Dans un monde où tout le monde expose, parle, montre, cette citation propose une contreculture: Le silence devient une stratégie. Le succès devient le coup d'éclat. Travailler dur en silence, c'est semer sans fanfare. Laisser le succès faire du bruit, c'est récolter avec grandeur.

2. "J'ai pleuré, j'ai douté, j'ai régressé. Je suis tombé, j'ai crié… mais je n'ai jamais abandonné. Et je peux vous assurer que, quoi qu'il vous arrive, Dieu ne vous laissera jamais tomber."

� Interprétation :

Cette citation est un cri du cœur, une déclaration de résilience et de foi. Elle raconte un parcours semé d'épreuves — les larmes, les doutes, les chutes —

mais aussi une détermination farouche à ne jamais renoncer. Elle exprime une confiance profonde en Dieu, vu comme un soutien inébranlable, même dans les moments les plus sombres.

Voici ce qu'elle transmet :

- Résilience personnelle : Malgré les échecs et les douleurs, tu as tenu bon. C'est un message puissant pour tous ceux qui traversent des tempêtes.

- Foi inébranlable : La certitude que Dieu est toujours là, même quand tout semble s'effondrer. C'est une source d'espoir et de réconfort.

- Encouragement aux autres : Tu ne parles pas seulement de toi, tu tends la main à ceux qui souffrent, en leur disant : "Tu n'es pas seul.

3. "Dans notre vie, il y a tant de choses que l'on voit sans les comprendre. Car le temps suit son chemin, quel que soit son destin, sans nous entendre."

� Interprétation :

Cette citation évoque la mystérieuse marche du temps et notre relation souvent impuissante face à lui. Elle parle de ces événements, ces rencontres, ces douleurs ou ces joies que l'on traverse sans toujours en saisir le sens. Le temps avance, implacable, indifférent à nos questions ou à nos

émotions.

Voici ce qu'elle transmet :

- L'incompréhension humaine : Nous sommes souvent spectateurs de notre propre vie, confrontés à des situations qui nous dépassent.

- L'autonomie du temps: Le temps ne s'arrête pas pour nous expliquer, il poursuit sa route, avec ou sans notre accord.

- Une invitation à l'acceptation : Même si nous ne comprenons pas tout, il faut apprendre à avancer, à faire confiance au processus, à trouver du sens dans l'après.

4. "Le regard, ce simple geste, dissimule bien des choses que peu parviennent à comprendre."

� Interprétation :

Cette phrase met en lumière la puissance silencieuse du regard. Ce n'est pas qu'un mouvement des yeux — c'est un langage à part entière, chargé d'émotions, de pensées, de vérités non dites.

Voici ce qu'elle suggère :

- Le regard comme miroir intérieur : Il peut exprimer la douleur, l'amour, la peur, la colère… sans qu'un mot ne soit prononcé.

- La complexité humaine : Peu de gens savent vraiment lire un regard. Cela demande de l'empathie, de la sensibilité, et parfois une connexion profonde.

- Le non-dit : Ce qui est caché derrière un regard est souvent plus vrai que ce qui est dit à voix haute. C'est là que résident les secrets, les blessures, les désirs.

5. Parfois, j'ai juste besoin de rêver pour voir un peu plus clair dans la vie.

� Interprétation :

Cette phrase exprime un besoin profond d'évasion et de recul. Le rêve devient ici un refuge, un espace intérieur où l'on peut se reconnecter à soi-même, loin du tumulte du quotidien. C'est dans l'imaginaire, dans les visions floues et libres de la pensée, que la clarté peut émerger. Comme si le rêve agissait comme une lumière douce qui éclaire les zones d'ombre de la réalité. C'est une belle façon de dire que parfois, pour comprendre le monde ou soi-même, il faut s'autoriser à ne pas le regarder directement — mais à le contempler à travers les yeux du cœur, de l'âme, ou de l'espoir.

6. "Parfois, c'est dans le silence qu'on trouve la force et le courage"

Cette phrase, à la fois poétique et introspective, nous invite à reconsidérer notre rapport au silence — non pas comme un vide ou une absence, mais comme une présence subtile et puissante. Dans une société saturée de bruit, de sollicitations constantes, de paroles parfois vaines, le silence peut sembler inconfortable, voire inquiétant. Pourtant, il recèle une richesse insoupçonnée. Le silence comme espace de vérité. Le silence est souvent le seul endroit où l'on peut vraiment entendre ce qui se passe en nous. Il nous confronte à nos pensées, à nos émotions, à nos blessures, mais aussi à nos désirs profonds. C'est dans ce face-à-face avec soi-même que naît une forme de lucidité. On cesse de fuir, de masquer, de détourner le regard. Et cette lucidité, bien qu'elle puisse être douloureuse, est le terreau de la force intérieure. La force née de l'introspection La force dont il est question ici n'est pas celle du muscle ou de la domination.

C'est une force calme, enracinée, stable. Elle vient du fait d'avoir traversé le tumulte intérieur sans se perdre. Elle vient du fait d'avoir accepté ses failles, ses peurs, ses contradictions. Le silence permet cette traversée. Il est le lieu où l'on se reconstruit, où l'on se réconcilie avec soi-même.

-Le courage de se relever

Le courage, lui, naît souvent dans les moments les plus silencieux — ceux où personne ne nous voit, où aucun applaudissement ne vient récompenser nos efforts. C'est le courage de continuer malgré l'incertitude, de faire face à l'inconnu, de prendre des décisions difficiles. Le silence nous donne l'espace pour ressentir ce courage, pour le cultiver, pour le laisser grandir sans pression extérieure.

-Une sagesse universelle

Cette idée traverse les cultures et les philosophies. Les moines, les sages, les penseurs ont toujours valorisé le silence comme voie vers la connaissance de soi. Dans le silence, on écoute non seulement son cœur, mais aussi le monde. On devient attentif, réceptif, présent. Et cette présence est en elle-même une forme de puissance. En somme, cette phrase est une invitation à embrasser le silence non comme une absence, mais comme une source. Une source de clarté, de résilience, de transformation. Elle nous rappelle que parfois, ce n'est pas dans l'agitation que l'on trouve des réponses, mais dans le calme. Et que le silence, loin d'être un vide, peut être un berceau — celui de notre force la plus authentique.

7. "Je ne m'excuserai jamais de montrer mes sentiments."

Interprétation littéraire et émotionnelle

Cette phrase est une déclaration puissante d'authenticité et de courage émotionnel. Elle affirme une volonté de rester fidèle à soi-même, même dans un monde où la vulnérabilité est parfois perçue comme une faiblesse. Montrer ses sentiments, c'est exposer une partie intime de soi — ses joies, ses douleurs, ses espoirs, ses colères. C'est prendre le risque d'être jugé, incompris ou rejeté. Pourtant, cette phrase rejette cette peur : elle revendique le droit d'exister pleinement, avec ses émotions à nu.

Dire "Je ne m'excuserai jamais" ajoute une dimension de défi. C'est une réponse à ceux qui voudraient que l'on se taise, que l'on se conforme, que l'on cache ce qui nous rend humain. C'est une manière de dire : "Je suis entier, je ressens, et je n'ai pas honte de cela."

Une lecture plus philosophique

On pourrait aussi y voir une critique implicite de la société contemporaine, qui valorise souvent le contrôle, la rationalité, et la façade. Dans ce contexte, exprimer ses émotions devient un acte de résistance. C'est refuser de se dissocier de son humanité pour plaire ou se protéger. Cette phrase pourrait être le cri d'un artiste, d'un amoureux, d'un militant, ou simplement de quelqu'un qui a trop longtemps été contraint au silence émotionnel. Elle dit : "Je choisis la vérité de mes émotions, même si elle dérange."

8. Arrêtons de vouloir faire bonne impression sur tout le monde et commençons

à nous aimer tels que nous sommes.

Interprétation

Ce message est un appel à l'authenticité et à l'amour de soi. Il critique la tendance à vouloir plaire à tout le monde, souvent au détriment de notre vraie nature. Il nous invite à cesser de jouer un rôle ou de masquer nos imperfections pour être acceptés, et à embrasser qui nous sommes réellement — avec nos défauts, nos forces, nos vulnérabilités.

❤Sens profond :

- Arrêtons de faire bonne impression: Cela signifie qu'on devrait arrêter de se conformer aux attentes des autres ou de chercher leur approbation.

- Commençons à nous aimer tels que nous sommes : C'est une invitation à l'acceptation de soi, à la bienveillance envers notre propre personne, sans masque ni artifice.

9. L'amour est inexplicable. Parfois, tu peux sentir cette flamme… mais tu ne

sais pas pour qui.

� Interprétation

Ce message exprime la nature mystérieuse et imprévisible de l'amour. Il évoque ce moment étrange où l'on ressent une émotion intense — une passion, une chaleur intérieure — sans pouvoir l'attribuer à quelqu'un en particulier. C'est comme si le cœur s'embrasait sans raison apparente, sans visage, sans nom.

Sens profond :

- L'amour est inexplicable: Il échappe à la logique, aux mots, aux définitions. Il surgit sans prévenir.

- Tu peux sentir cette flamme: L'image du feu représente le désir, l'émotion, l'élan du cœur.

- Mais tu ne sais pas pour qui : Cela traduit une confusion, une attente, ou peut être une ouverture à l'inconnu. Le cœur est prêt… mais la personne n'est pas encore identifiée.

10. Apprenons à nous aimer et à être nous-mêmes, car bientôt, ils voudront être

comme nous. Aimons-nous tels que nous sommes, sans masque ni compromis.

Car un jour, ceux qui nous jugent voudront refléter notre lumière.

� Interprétation :

Ce message est un puissant appel à l'authenticité et à l'amour de soi. Il suggère que le vrai pouvoir réside dans le fait d'assumer pleinement qui l'on est, sans chercher à se conformer. Et que, tôt ou tard, cette authenticité devient une source d'inspiration pour les autres.

Sens profond :

- "Apprenons à nous aimer" : Cela parle de guérison intérieure, de confiance en soi, de bienveillance envers sa propre personne.

- "Être nous-mêmes" : C'est une invitation à ne pas se travestir pour plaire, à vivre selon ses propres valeurs.

- "Car bientôt ils voudront être comme nous" : Cela exprime une prophétie douce : ceux qui nous critiquent ou nous ignorent finiront par admirer notre courage d'être vrais.

Citations de Nawal

1. "Il est évident qu'il existe une très grande distinction entre aimer et être amoureux. Le reste, à toi d'y réfléchir."

� Interprétation

Cette citation souligne une vérité subtile mais essentielle : aimer et être amoureux ne sont pas synonymes. Elle invite à une introspection personnelle, à ne pas confondre les élans passionnels avec les sentiments profonds.

- Être amoureux, c'est souvent une émotion vive, parfois irrationnelle, qui peut surgi rapidement. C'est l'attirance, le désir, l'euphorie du début.

- Aimer, c'est plus calme, plus enraciné. C'est accepter l'autre dans sa totalité, avec ses défauts, ses failles, et vouloir son bien, même sans retour. La phrase "Le reste, à toi d'y réfléchir" agit comme une provocation douce, une invitation à explorer ses propres expériences, ses propres définitions de l'amour.

2. "Cette sensation, quand une légère froideur souffle..."

Interprétation

Cela suggère un moment de solitude ou de fragilité. La "légère froideur" peut être physique —un vent frais — mais aussi émotionnelle : un frisson intérieur, une absence, un doute, une mélancolie discrète. Ce souffle évoque quelque chose d'évanescent, presque imperceptible, mais qui touche profondément.

"Seul le miroir peut en renvoyer le reflet."

Le miroir devient ici un symbole puissant. Il ne reflète pas seulement l'apparence, mais aussi l'état intérieur. Il est le seul à pouvoir "renvoyer" ce que l'on ressent, à montrer ce qui est invisible aux autres. Cela peut signifier :

- La confrontation avec soi-même: le miroir ne ment pas, il montre ce qu'on est, même quand on essaie de le cacher.

- La solitude du ressenti : personne d'autre ne peut vraiment comprendre cette sensation, sauf soi-même — et le miroir devient le témoin silencieux.

- La vérité nue: dans le souffle froid, dans le silence, le miroir révèle ce que l'on est quand tout le reste s'efface.

� En résumé :

Cette citation parle de l'introspection, de la vulnérabilité, et du rapport à soi. Elle suggère que dans les moments de trouble ou de vide, le seul véritable reflet de notre état intérieur est celui que nous voyons dans le miroir — un reflet brut, sans filtre, qui nous oblige à nous regarder en face.

3. "Ce monde nous terrifie, et le pire, c'est que nos rêves les plus réalistes font

de même."

� Interprétation :

Cette citation exprime une angoisse existentielle : le monde réel est effrayant, incertain, parfois cruel… mais même nos rêves — censés être des refuges, des échappatoires — ne nous offrent pas de répit. Quand ils deviennent trop réalistes, ils reflètent les mêmes peurs, les mêmes douleurs, les mêmes absurdités que la vie elle-même. Cela peut signifier :

- La perte d'illusion: même dans l'imaginaire, on ne parvient plus à fuir la dureté du monde.

- L'envahissement de l'inconscient : nos rêves sont contaminés par nos angoisses, nos traumas, nos réalités trop pesantes.

- Une forme de désespoir lucide : quand même l'espace intérieur devient hostile, où peut-on encore se sentir en paix ?

� En résumé :

C'est une réflexion poignante sur la difficulté de trouver refuge, même dans ses propres pensées. Elle parle d'un monde qui oppresse, et d'un esprit qui n'arrive plus à s'en détacher — comme si la peur avait colonisé jusqu'à nos rêves.

4. "Les secrets murmurés au fond du cœur ne quittent jamais le silence des

lèvres."

� Interprétation :

Cette citation évoque l'intimité absolue, celle des pensées et des émotions que l'on garde enfouies en soi. Elle parle de ces secrets profonds, parfois douloureux, parfois précieux, que l'on ne partage avec personne — même pas avec les êtres les plus proches.

- "Murmurés au fond du cœur" : cela suggère qu'ils ne sont pas criés, ni même formulés clairement. Ce sont des ressentis, des souvenirs, des vérités intérieures qui vivent en silence.

- "Ne quittent jamais le silence des lèvres" : ils restent tus, invisibles, inaccessibles. Le silence devient un gardien, une protection, ou parfois une prison.

� En résumé :

Cette phrase parle de la solitude émotionnelle, du poids des non-dits, et de la pudeur des âmes sensibles. Elle suggère que certains secrets sont trop intimes pour être exprimés, et que leur silence est à la fois un choix et une nécessité.

5. "La vie est là pour être vécue. Il n'est pas question d'abandonner."

� Interprétation :

Cette citation est un cri de courage, une affirmation de volonté face aux épreuves. Elle rappelle que, malgré les difficultés, la vie mérite d'être affrontée, explorée, ressentie pleinement.

- "La vie est là pour être vécue": cela signifie que l'existence n'est pas un fardeau à subir, mais une aventure à embrasser. Même dans la douleur, il y a du sens, du mouvement, de la beauté à découvrir.- "Pas question d'abandonner" : c'est une déclaration de force intérieure. On peut tomber, douter, pleurer… mais on continue. Parce que vivre, c'est aussi résister.

� En résumé :

Cette phrase incarne l'espoir, la persévérance, et le refus de renoncer. Elle peut être un mantra pour ceux qui traversent des moments sombres — un rappel que chaque jour est une chance, et que le simple fait de continuer est déjà une victoire.

6. "Ne gâchez pas la beauté du vendredi avec une personne qui ne vaut même

pas la moitié d'un lundi."

� Interprétation :

Cette citation est à la fois ironique et lucide. Elle utilise les jours de la semaine comme métaphores pour parler de valeurs personnelles, temps précieux, et relations toxiques.

- "La beauté du vendredi" : le vendredi symbolise la légèreté, la liberté, la fin des contraintes, le début du plaisir. C'est un moment qu'on attend, qu'on savoure.

- "Une personne qui ne vaut même pas la moitié d'un lundi" : le lundi est souvent vu comme le jour le plus difficile, le plus lourd. Dire qu'une personne ne vaut même pas "la moitié d'un lundi", c'est dire qu'elle est épuisante, inutile, voire nuisible.

� En résumé :

Cette phrase dit : ne laissez pas quelqu'un de négatif gâcher vos bons moments. Elle invite à protéger son énergie, à choisir ses compagnons avec soin, et à valoriser les instants de joie. C'est une forme de self-love, avec une touche d'humour mordant.

7. "C'est pour cette vie que j'ai donné des coups de ventre à ma mère ?, Est-ce

pour cette vie que j'ai poussé dans le ventre de ma mère ?"

� Interprétation :

Cette citation exprime une profonde déception face à l'existence. Elle questionne le sens même de la naissance, en se demandant si la vie qu'on mène aujourd'hui mérite les douleurs et les efforts de la venue au monde.

- "Des coups de ventre à ma mère": c'est une manière crue de parler de la gestation, de la naissance, du fait d'avoir été porté. Cela évoque aussi la douleur de l'accouchement, le sacrifice maternel.

- "Pour cette vie" : le ton est amer. Il y a une confrontation entre l'attente de ce que la vie devrait être et la réalité décevante. C'est une forme de révolte, de désillusion, voire de tristesse profonde.

� En résumé :

Cette phrase est une remise en question existentielle. Elle traduit un sentiment de mal-être, de non-sens, comme si la vie ne tenait pas ses promesses. C'est une manière de dire: "Si j'étais destiné à souffrir, pourquoi suis-je né ?"

8. "Pour y croire, il faudrait tout oublier."

� Interprétation :

Cette phrase est courte mais chargée de sens. Elle parle de foi, de espoir, ou peut-être d'illusion— mais à un prix : celui de l'oubli.

- "Pour y croire" : cela peut désigner une idée, un rêve, une promesse, une relation, ou même la vie elle-même. Il y a une distance entre la réalité et la croyance.

- "Il faudrait tout oublier" : cela suggère que le passé, les blessures, les vérités, ou les expériences vécues empêchent de croire. L'oubli devient une condition pour retrouver l'innocence ou l'illusion.

� En résumé :

Cette phrase exprime une lutte intérieure : croire en quelque chose (ou en quelqu'un) nécessite de faire abstraction du passé, de nier les douleurs ou les déceptions. C'est une forme de renoncement lucide : "Je pourrais croire… mais seulement si j'oublie tout ce qui m'a montré le contraire."

9. "Il faut savoir que le vent ne souffle pas toujours dans le même sens."

"Le vent ne suit jamais le même courant."

� Interprétation :

Cette citation parle de changement, imprévisibilité, et adaptation. Elle utilise le vent comme métaphore du cours de la vie, des circonstances, ou même des émotions.

- "Le vent" : symbole de forces invisibles, de mouvement, de liberté… mais aussi d'instabilité.

- "Ne va pas toujours dans le même courant": cela signifie que rien n'est figé. Les choses changent, les directions se modifient, les situations évoluent.

� En résumé :

Cette phrase nous invite à accepter l'impermanence. Elle dit : "Ne t'attache pas trop à ce qui est, car demain peut être différent." C'est une leçon de souplesse, de résilience, et de réalisme. Elle peut aussi consoler : si aujourd'hui le vent est contre toi, demain il peut te porter.

10. "J'ai des raisons de croire que l'enfer ne me fait pas peur, vu ce que je vis ici."

� Interprétation :

Cette phrase exprime une douleur profonde, mais aussi une force intérieure. Elle compare la réalité vécue à une forme d'enfer, suggérant que les épreuves actuelles sont si intenses qu'elles rendent même l'idée de l'enfer dérisoire.

- "L'enfer ne me fait pas peur": affirmation de courage, ou peut-être de résignation. Cela peut signifier : "J'ai déjà tout vécu, rien ne peut m'effrayer."

- "Vu ce que je vis ici": le mot "ici" est lourd de sens. Il peut désigner un lieu physique, une situation, ou un état mental. Ce "ici" est l'enfer personnel du locuteur.

� En résumé :

C'est une déclaration de résilience extrême, presque tragique. Elle dit : "Je suis déjà dans le feu, alors les flammes ne m'impressionnent plus." Mais elle peut aussi être l'appel silencieux d'un cœur qui endure trop, qui a besoin qu'on l'écoute.

Citations de said OMare

1 ."Le mal n'est pas le danger mais c'est seulement où on se trouve"

� Interprétations

- Le mal comme relatif au lieu ou à la situation. Cela évoque une vision du mal comme étant contextuel. Ce qui est considéré comme mal ici peut ne pas l'être ailleurs. Cela rejoint les idées de relativisme moral, où les normes varient selon les cultures, les époques ou les circonstances.

- Le mal comme absence de bien

Dans la tradition néoplatonicienne, le mal n'a pas d'existence propre : il est simplement le manque ou la privation du bien. Dans ce sens, il ne serait pas un danger actif, mais une sorte de vide qui se manifeste selon où l'on se trouve — physiquement, moralement ou spirituellement.

- Le mal comme banalité ou indifférence

Hannah Arendt parlait de la banalité du mal, où le mal surgit non pas par cruauté extrême, mais par conformisme, passivité ou absence de pensée. Cela pourrait correspondre à l'idée que le mal n'est pas un danger visible, mais une condition dans laquelle on peut se retrouver sans s'en rendre compte.

2. "Celui qui a dit qu'on peut voyager dans le temps avait raison : l'Afrique et

l'Amérique sont l'exemple parfait de l'époque ancienne et du temps moderne."

� Interprétation :

0n utilises une métaphore puissante pour illustrer les inégalités de développement entre continents. L'idée est que le voyage dans le temps n'est pas une fiction, mais une réalité observable : en comparant certains endroits en Afrique à ceux en Amérique, on a l'impression de passer d'un passé encore vivant à un futur déjà en marche.

- L'Afrique, dans ce contexte, représente des traditions, des modes de vie ancestraux, parfois freinés par des défis économiques ou politiques.

- L'Amérique, elle, incarne la modernité, la technologie, l'abondance comme si elle vivait dans un autre siècle.

3. "Sans le coup de fouet, l'Afrique n'aura pas le rythme."

� Interprétation :

Cette phrase est provocante et chargée de symbolisme. Elle semble suggérer que l'Afrique a besoin d'un électrochoc, d'une impulsion forte ou d'une discipline rigoureuse pour avancer au même rythme que le reste du monde. Le "coup de fouet" peut être interprété de plusieurs façons : Sens figuré :

- Un appel à l'action: L'Afrique ne progressera pas sans une mobilisation intense, une volonté politique forte, ou une transformation radicale.

- Une critique du laxisme ou de l'inertie : Elle pourrait dénoncer le manque de rigueur, de vision ou de leadership dans certains domaines.

- Un besoin de réveil collectif : Comme si le continent devait sortir d'un sommeil historique ou d'une dépendance structurelle.

Attention au sens historique :

Le terme "coup de fouet" évoque aussi des images douloureuses liées à l'esclavage et à la colonisation. Il faut donc manier cette expression avec prudence, surtout dans un contexte public ou politique. Si ton intention est métaphorique, il peut être utile de reformuler pour éviter toute ambiguïté.

4. "L'éducation est le démon d'une nation ignorante."

� Interprétation :

Cette phrase est provocatrice et puissante. Elle semble dire que l'éducation, dans une nation ignorante, est perçue comme une menace ou un ennemi**. Autrement dit, dans un pays où l'ignorance règne, toute tentative d'éveil intellectuel ou de transmission du savoir est mal vue, combattue, ou même diabolisée.

Sens profond :

- L'éducation dérange l'ordre établi : Dans certaines sociétés, ceux qui détiennent le pouvoir préfèrent maintenir la population dans l'ignorance pour mieux la contrôler. L'éducation devient alors un "démon" parce qu'elle libère, elle questionne, elle éclaire.

- L'ignorance rejette la lumière : Comme un corps qui rejette un organe étranger, une nation ignorante peut rejeter l'école, les intellectuels, ou les idées nouvelles.

- C’est une critique sociale : Tu dénonces ici le rejet du progrès, de la connaissance, et de la pensée critique dans des environnements où l’ignorance est institutionnalisée.

5. "Le fou en sait plus que les jeunes d’aujourd’hui."

Citations de Tachrifa

1. "Poser des questions est le premier pas vers la compréhension."

� Interprétation :

Cette phrase est simple mais profonde. Elle affirme que la curiosité est la clé de toute connaissance. En posant des questions, on reconnaît qu'on ne sait pas tout et c'est justement cette humilité intellectuelle qui ouvre la porte à l'apprentissage.

Ce que ça implique :

- Le doute est fertile : Celui qui questionne ne se contente pas de ce qu'on lui dit. Il cherche, il creuse, il veut comprendre.

-L'éducation commence par l'interrogation : Avant d'apprendre, il faut vouloir savoir. Et cette volonté se manifeste par des questions.

- C'est aussi un acte de courage : Dans certains contextes, poser des questions peut déranger, remettre en cause l'autorité ou les traditions. Mais c'est nécessaire pour évoluer.

- "La question est la graine, la compréhension est le fruit."

- "Celui qui interroge avance, celui qui accepte sans réfléchir stagne."

- "Le savoir commence là où le silence se brise par une question."

2. "Chaque échec est une réussite sur le plan mental."

� Interprétation :

Tu exprimes une vérité profonde : L'échec n'est pas une fin, mais une étape vers la croissance intérieure. Sur le plan mental, chaque chute, chaque erreur, chaque désillusion forge la résilience, la lucidité et la maturité. Ce que ça veut dire :

- L'échec éduque : Il enseigne ce que la réussite ne peut pas toujours transmettre la patience, l'humilité, la remise en question.

- La mentalité évolue : Celui qui échoue et apprend devient plus fort mentalement que celui qui n'a jamais été mis à l'épreuve.

- C'est une philosophie de vie : Tu valorises le processus, pas seulement le résultat. Tu dis : "Même si je tombe, mon esprit se relève plus haut."

-"L'échec est l'école de la grandeur mentale."

- "Chaque défaite est une victoire intérieure en construction."

- "Tomber, c'est apprendre à se relever avec plus de sagesse."

3. "L'amour revient toujours à ceux qui y croient."

� Interprétation :

Tu exprimes une vérité douce et pleine d'espoir : la foi en l'amour attire l'amour. Même si le monde peut être dur, même si les déceptions existent, ceux qui gardent leur cœur ouvert, qui continuent d'y croire malgré les blessures, finissent par le retrouver. Ce que ça veut dire :

- La croyance crée la réalité : Ceux qui croient en l'amour sont plus enclins à le reconnaître, à le nourrir, à le protéger.

- L'amour récompense la persévérance : Ce n'est pas une question de chance, mais de foi. Croire en l'amour, c'est déjà lui faire une place.

- C'est une philosophie du cœur : Tu dis que l'amour n'est pas mort, il est juste patient. Il revient à ceux qui ne l'ont jamais abandonné.

-"L'amour ne se perd jamais pour ceux qui le portent en eux."

- "Ceux qui croient en l'amour le retrouvent, même après l'orage."

-"L'amour revient là où il n'a jamais été chassé."

4. "Dans le calme, nos rêves prennent vie."

� Interprétation :

Cette phrase évoque une vérité douce et profonde : le silence, la paix intérieure, et la tranquillité sont les terrains fertiles où naissent les rêves les plus authentiques.

Ce que ça signifie :

- Le calme favorise la clarté : Quand le bruit du monde se tait, l'esprit peut enfin entendre ses propres désirs, ses visions, ses ambitions.

- Les rêves ont besoin d'espace : Dans le tumulte, ils se perdent. Mais dans le calme, ils s'organisent, se dessinent, prennent forme.

- C'est une invitation à l'introspection : Tu dis que pour rêver grand, il faut parfois s'éloigner du vacarme, se reconnecter à soi.

- "C'est dans le silence que l'âme commence à parler."

- "Le calme est le berceau où naissent les rêves."

-"Quand le monde se tait, nos rêves murmurent leur vérité."

5. "Le destin nous mène parfois sur des routes inattendues, mais ce sont dans les détours que nous découvrons notre véritable chemin"

� Sens profond

Le destin comme force imprévisible Elle suggère que nous ne contrôlons pas toujours les événements de notre vie. Parfois, ce que nous avions prévu ne se réalise pas — une opportunité manquée, une rupture, un déménagement forcé… Ces "routes inattendues" sont les imprévus, les virages que la vie nous impose. Les détours comme révélateurs Ce sont souvent les moments de confusion, d'échec ou de surprise qui nous obligent à réfléchir, à nous adapter, à grandir. Ce que l'on croyait être une perte de temps ou une erreur devient une étape essentielle dans notre évolution. Le "véritable chemin" n'est pas toujours celui qu'on avait imaginé, mais celui qu'on découvre en chemin.

La beauté de l'imprévu

Il y a une invitation à lâcher prise, à faire confiance à la vie. Ce n'est pas une incitation à la passivité, mais à l'ouverture : accepter que parfois, ce qui semble être un obstacle est en réalité une porte vers quelque chose de plus authentique.

Exemple concret

Imagine quelqu'un qui rêve de devenir médecin, mais échoue à l'examen d'entrée. Ce détour le pousse à explorer une autre voie : la psychologie. Il découvre une passion inattendue, aide des gens d'une autre manière, et trouve un sens plus profond à sa vocation. Ce détour devient son véritable chemin .

Citations de Windati

1. "La vérité n'a pas besoin d'être bien présentée. Elle est souvent dure, mais c'est justement cela qui nous pousse à réfléchir."

� Interprétation :

Cette citation met en lumière une idée essentielle :

La vérité, par nature, n'a pas besoin d'artifice. Elle n'a pas à être enjolivée, adoucie ou emballée dans de belles paroles pour être valable. Au contraire, c'est souvent sa brutalité, sa nudité, qui lui donne toute sa force. Quand une vérité nous bouscule — qu'elle nous dérange, nous fait mal ou nous met face à nous-mêmes c'est là qu'elle devient révélatrice. Elle nous oblige à sortir de nos certitudes, à remettre en question nos choix, nos croyances, nos illusions. C'est cette inconfortable clarté qui déclenche la réflexion, le changement, voire la transformation. La vérité ne cherche pas à plaire. Elle cherche à éveiller.

2. "Quand on est trop à l'aise, on finit par s'endormir sur place. C'est dans l'inconfort qu'on avance vraiment."

� Interprétation :

Cette phrase exprime une vérité puissante sur la zone de confort et la croissance personnelle.

- Être trop à l'aise : Cela évoque une situation où tout semble facile, prévisible, sans effort. On peut s'y sentir bien… mais aussi stagnant. Le confort excessif peut engendrer l'inaction, la routine, voire l'ennui. On "s'endort" — pas physiquement, mais mentalement, émotionnellement, spirituellement.

-L'inconfort comme moteur : C'est dans les moments de tension, de doute, de difficulté qu'on est forcé de se dépasser. L'inconfort pousse à réfléchir, à agir, à changer. Il nous confronte à nos limites et nous oblige à les repousser. C'est là que naissent les vraies avancées : apprentissages, résilience, transformation. Le confort nous apaise, mais l'inconfort nous élève.

3. "La vie ne promet rien à personne. Ce que l'on obtient vient de ce qu'on ose sacrifier."

� Interprétation :

Cette citation exprime une vérité brute et inspirante sur la réalité de la vie et le prix du succès.

- "La vie ne promet rien à personne": Il n'y a pas de garantie, pas de privilège automatique. La vie est neutre, parfois injuste, souvent imprévisible. Elle ne distribue pas les récompenses selon le mérite ou le désir, mais selon l'action, le courage et la persévérance.

- "Ce que l'on obtient vient de ce qu'on ose sacrifier" : Chaque accomplissement demande un prix. Il faut parfois renoncer à la facilité, au confort, à certaines relations, ou même à des versions anciennes de soi-même pour avancer. Le mot "ose" est essentiel ici : il souligne que le sacrifice est un acte de bravoure, pas une contrainte. Rien n'est donné. Tout se mérite. Et ce mérite naît du courage de lâcher ce qui nous retient.

4. "Ta paix commence quand tu t'écoutes toi-même."**

Interprétation :

Cette phrase évoque une vérité profonde : la paix intérieure ne vient pas de l'extérieur, mais de l'écoute de soi. Elle suggère que :

-L'introspection est essentielle : en prêtant attention à ses pensées, émotions et besoins, on peut mieux comprendre ce qui nous perturbe ou apaise.

- L'authenticité mène à la sérénité : se respecter, suivre sa propre voie, et ne pas se perdre dans les attentes des autres permet de vivre en harmonie.

-Le silence intérieur est précieux: dans un monde bruyant, s'écouter soi-même est un acte de résistance et de sagesse.

5. "On n'a pas besoin d'être prêt pour commencer. Tu as juste besoin d'y croire,

d'y croire assez pour faire le premier pas."

Interprétation :

Cette phrase est une ode au courage et à la foi en soi. Elle nous rappelle que :

- L'action précède souvent la préparation : attendre d'être « prêt » peut devenir une excuse pour ne jamais se lancer. Le vrai déclic, c'est la conviction.

- La foi en soi est le moteur : croire en son projet, en son rêve, ou simplement en sa capacité à évoluer, suffit pour enclencher le mouvement.

Le premier pas est le plus puissant : il transforme l'intention en réalité. Même s'il est hésitant, il marque le début du changement.

6. "En terminale, ton avenir ressemble à un sac très lourd. Mais chaque moment passé est une épreuve qui prouve que tu es plus fort que tu ne le crois."

Interprétation :

Cette phrase est puissante et pleine de vérité. Elle parle du poids des responsabilités, des doutes, et des pressions que ressentent les élèves en terminale, mais elle rappelle aussi une chose essentielle : la résilience.

- Le sac lourd symbolise les attentes, les choix à faire, les examens, et les peurs liées à l'avenir. C'est le fardeau que beaucoup portent sans toujours le dire.

- Chaque moment passé est une victoire silencieuse. Même les jours difficiles, les nuits blanches, les hésitations… tout cela forge une force intérieure.

- Tu es plus fort que tu ne le crois : souvent, on sous-estime sa propre capacité à tenir bon. Mais chaque pas, chaque effort, chaque larme retenue est une preuve de courage.

7. "Le courage, ce n'est pas l'absence de peur, mais le fait d'avancer malgré le refus de tous tes organes."

Interprétation :

Cette phrase décrit le courage non pas comme une force tranquille, mais comme une lutte intérieure. Elle révèle une vérité souvent ignorée :

- La peur est naturelle : elle fait partie de nous, elle nous protège, mais elle ne doit pas nous paralyser.

- Quand le corps dit non tremblements, cœur qui bat trop vite, souffle court — c'est là que le courage prend tout son sens.

- Avancer malgré tout : le vrai courage, c'est ce moment où tu bouges, même si tout en toi crie « stop ». C'est une victoire sur soi-même, pas sur les autres.

8. "La cruauté, c'est quand tout le monde te parle de réussir, mais que personne ne t'apprend à respirer."

Interprétation :

Cette phrase est une dénonciation subtile mais puissante du système, des attentes sociales, et de la pression silencieuse qui pèse sur les épaules de ceux qui cherchent à « réussir ». Elle expose une vérité souvent tue : on glorifie la réussite, mais on oublie l'humain. Une société obsédée par le résultat :On te parle de diplômes, de carrière, de performance, de productivité. On te pousse à courir, à grimper, à dépasser. Mais dans cette course effrénée, qui t'apprend à t'arrêter ? À souffler ? À exister sans devoir prouver ?

Respirer, c'est survivre :

Respirer, c'est plus qu'un acte biologique. C'est reprendre contact avec soimême, c'est accueillir ses émotions, c'est se donner le droit d'être vulnérable. Ne pas apprendre à respirer, c'est condamner à l'asphyxie mentale. La cruauté invisible : Ce n'est pas la violence physique, mais la négligence émotionnelle, C'est le fait de dire à un jeune : « Tu dois réussir », sans jamais lui dire : « Tu as le droit d'avoir peur. Tu as le droit de te reposer. Tu as le droit de ne pas savoir.»

Une invitation à l'empathie :

Cette phrase est un cri silencieux. Elle appelle à changer le discours, à mettre l'humain avant le rendement, à enseigner la respiration avant l'ambition. Parce qu'un cœur qui bat trop vite finit par s'épuiser.

9. "Ne cherchez pas à être parfait, mais à être vrai."

� Interprétation :

Cette phrase est une invitation à l'authenticité dans un monde obsédé par la perfection. Elle nous pousse à abandonner les masques, les filtres, les standards inatteignables, pour revenir à l'essentiel : être soi.

La perfection est une illusion :

On nous vend l'idée qu'il faut être impeccable, sans défaut, toujours performant. Mais cette quête est un piège : elle crée de l'angoisse, de la comparaison, et une peur constante de l'échec. Être parfait, c'est vouloir plaire à tout le monde. Être vrai, c'est oser se montrer tel qu'on est.

La vérité touche plus que la perfection :

Les gens ne se connectent pas à ce qui est lisse et sans faille. Ils se connectent à ce qui est sincère, vulnérable, humain. Un mot vrai, même maladroit, a plus de puissance qu'un discours parfait mais vide.

Être vrai, c'est un acte de courage :

C'est accepter ses failles, ses émotions, ses contradictions. C'est dire "je ne sais pas", "je doute",

"je ressens". C'est refuser de jouer un rôle pour entrer dans le moule. C'est choisir la liberté intérieure plutôt que l'approbation extérieure. .La vérité construit, la perfection enferme :

Quand tu es vrai, tu évolues. Tu apprends, tu tombes, tu te relèves. Quand tu cherches à être parfait, tu te figes. Tu as peur d'essayer, peur de rater, peur d'être vu. Cette phrase pourrait devenir un mantra, une devise, un rappel quotidien : "Je ne suis pas là pour être parfait. Je suis là pour être vrai, et c'est assez."

10. "Être en S ne veut pas dire qu'on est un robot. Nous avons tous le droit de

pleurer, d'aimer, car après tout, nous sommes des humains, pas des formules."

Interprétation approfondie :

Le mythe du robot en filière scientifique

Dans l'imaginaire collectif, les élèves de la filière scientifique — souvent appelée « S » — sont perçus comme des machines à calculer, des cerveaux froids, des êtres rationnels programmés pour réussir. On les associe aux équations, aux lois physiques, aux raisonnements logiques. Mais cette vision est réductrice, injuste et profondément inhumaine. Être en S, ce n'est pas renoncer à sa sensibilité. Ce n'est pas signer un contrat d'excellence où les émotions sont interdites. Ce n'est pas devenir un robot qui fonctionne à la performance et à la pression. C'est simplement choisir une voie où la rigueur intellectuelle est mise en avant — mais cela ne signifie jamais que le cœur doit être mis de côté. Les élèves en S pleurent. Ils doutent. Ils aiment. Ils ont des insomnies, des rêves, des blessures invisibles. Ils ne sont pas des formules à résoudre, mais des êtres à comprendre. Et pourtant, trop souvent, on leur parle comme à des machines :

"Tu dois réussir."

"Tu n'as pas le droit à l'erreur."

“Tu es en S, tu dois être fort.”

Mais la force ne se mesure pas à la capacité de résoudre une intégrale, elle se mesure à la capacité de rester humain dans un monde qui exige l’impassibilité.

Interprétation approfondie :

Le droit de pleurer, d’aimer, d’exister

Pleurer n’est pas une faiblesse. C’est une libération. C’est le langage du corps quand les mots ne suffisent plus. Aimer n’est pas une distraction. C’est une nécessité. C’est ce qui donne du sens à l’effort, à la fatigue, à la lutte. Dans un système scolaire qui valorise les notes plus que les émotions, il est vital de rappeler que l’humain ne se réduit pas à ses résultats. Un élève qui pleure après un échec n’est pas fragile. Il est vivant. Un élève qui tombe amoureux pendant ses révisions n’est pas distrait. Il est humain. Un élève qui doute, qui remet en question, qui cherche du sens — ce n’est pas un problème à corriger. C’est une âme en mouvement. La société oublie parfois que derrière chaque copie, chaque devoir, chaque bulletin, il y a un cœur qui bat. Et ce cœur mérite d’être entendu.

“Nous sommes des humains, pas des formules.”

Cette phrase est une rébellion douce contre l’inhumanité du système. Elle dit : “Je refuse d’être réduit à une équation. Je suis complexe, imparfait, mais vrai.”

Interprétation approfondie :

Réconcilier la science et l’humanité

La science n’est pas l’ennemie de l’émotion. Elle est née de la curiosité, de l’émerveillement, de la passion. Galilée n’était pas un robot. Marie Curie n’était pas une machine. Einstein écrivait des lettres d’amour. Les plus grands scientifiques ont été guidés par des émotions puissantes : la soif de comprendre, la peur de l’inconnu, l’amour du savoir. Alors pourquoi demander aux élèves en S d’être des robots ? Pourquoi leur imposer le silence émotionnel ? Pourquoi leur faire croire que réussir, c’est ne jamais flancher ? Il est temps de réconcilier la rigueur et la tendresse, la logique et la poésie, la formule et le frisson. Un élève peut résoudre une équation complexe et pleurer en écoutant une chanson. Il peut comprendre la mécanique quantique et tomber amoureux dans un couloir de lycée. Il peut être brillant en maths et vulnérable dans son cœur. Et c’est cette complémentarité qui fait la beauté de l’être humain.

Être vrai, c'est être entier

Cette phrase est un cri du cœur. Elle dit ce que beaucoup ressentent sans oser le formuler. Elle rappelle que l'intelligence ne doit jamais écraser l'émotion, que la réussite ne doit jamais effacer l'humanité, et que la filière S n'est pas une prison émotionnelle.

"Nous avons tous le droit de pleurer, d'aimer, car après tout, nous sommes des humains, pas des formules."

C'est une vérité à graver dans les murs des écoles, dans les cœurs des enseignants, dans les esprits des élèves. Parce qu'avant d'être des élèves, nous sommes des êtres humains. Et cela, aucun système ne devrait l'oublier.

11. « Dans les tempêtes de la vie, les cicatrices sont la preuve des vagues que nous avons affrontées, et la résilience est le vent qui continue de gonfler nos voiles. »

Interprétation

- Les tempêtes de la vie : elles représentent les moments difficiles, les crises et les épreuves qui nous secouent.

- Les cicatrices : ce sont les marques laissées par ces épreuves. Elles témoignent de notre combat et de notre survie, elles sont la mémoire visible de notre force.

- Les vagues affrontées : symbolisent les obstacles et les chocs que nous avons dû surmonter.

- La résilience comme vent : c'est la force intérieure qui nous pousse à avancer malgré les blessures. Elle nous permet de transformer la douleur en énergie et de poursuivre notre route.

En somme, cette citation nous rappelle que nos cicatrices ne sont pas des faiblesses mais des preuves de courage, et que la résilience est ce souffle vital qui nous permet de continuer à naviguer vers l'avenir, même après les tempêtes.

12.« L'amitié est l'amour sans ailes, et l'amour est l'amitié qui prend son envol.»

Interprétation approfondie

Cette phrase joue sur une métaphore poétique qui relie deux des sentiments humains les plus puissants : l'amitié et l'amour. Elle suggère que ces deux réalités ne sont pas opposées, mais qu'elles s'inscrivent dans une continuité.

. L'amitié comme amour sans ailes

L'amitié est décrite comme une forme d'amour, mais plus calme, plus terrestre, sans les élans passionnés qui emportent. Elle repose sur la confiance, la complicité, le respect et la fidélité. Dire qu'elle est « sans ailes » signifie qu'elle n'a pas besoin de s'élever dans l'ivresse ou la passion pour exister : elle est stable, enracinée, solide. L'amitié est donc une base, un socle sur lequel se construit une relation durable.

. L'amour comme amitié qui prend son envol

L'amour véritable ne naît pas dans le vide : il s'appuie souvent sur une amitié profonde. Quand l'affection et la complicité se mêlent à la passion, au désir et à l'élan du cœur, l'amitié se transforme en amour. Les « ailes » symbolisent cette intensité qui fait décoller la relation vers une dimension plus haute, plus vibrante, parfois plus risquée. L'amour est donc l'amitié sublimée, enrichie par une force qui la propulse au-delà de la simple camaraderie.

. Le message global

L'amitié et l'amour ne sont pas deux mondes séparés : ils sont liés, comme deux étapes d'un même voyage. L'amitié est la racine, l'amour est la floraison. L'un est la stabilité, l'autre est l'élévation. La citation nous invite à voir l'amour non pas comme une rupture avec l'amitié, mais comme son prolongement naturel, son envol vers une intensité plus grande.

Résonance humaine

Cette pensée nous rappelle que les plus belles histoires d'amour commencent souvent par une amitié sincère. Elle nous enseigne aussi que l'amitié, même sans se transformer en amour, est déjà une forme d'amour en soi : un amour tranquille, sans ailes, mais essentiel à notre équilibre.
En somme, cette citation est une célébration des liens humains : elle nous montre que l'amitié et l'amour sont deux visages d'une même lumière, l'un posé sur la terre, l'autre lancé vers le ciel.

13. « Quand un père s'en va, c'est un arbre qui tombe, et les feuilles de nos souvenirs tremblent encore de son absence. Mais dans le silence qui suit, les racines de son amour demeurent, nourrissant l'ombre de notre âme. »

Interprétation approfondie

La perte d'un père est une expérience universelle et pourtant singulière, car elle touche à la fois l'intime et l'universel. La citation proposée utilise une métaphore végétale pour exprimer la profondeur de ce départ : le père est comparé à un arbre, figure de force, de protection et de stabilité. Sa disparition provoque un bouleversement comparable à la chute d'un géant dans une forêt. Mais au-delà de l'absence, demeure une présence invisible : les racines de son amour, qui continuent de nourrir ceux qui restent. Cette image poétique ouvre la voie à une réflexion sur la mémoire, l'héritage, et la permanence des liens affectifs.

. Le père comme arbre : symbole de force et de protection

L'arbre est une métaphore universelle de la vie, de la stabilité et de l'ancrage. Le père, dans de nombreuses cultures, incarne la figure protectrice, celle qui abrite, qui soutient, qui donne de l'ombre et des fruits. Sa disparition est vécue comme un effondrement : l'arbre qui tombe bouleverse l'équilibre du paysage, tout comme la mort du père bouleverse l'équilibre familial et intérieur. Les « feuilles de nos souvenirs » représentent les moments partagés, les gestes quotidiens, les paroles transmises. Elles tremblent encore, car la mémoire est vivante, mais fragilisée par l'absence.

. L'absence et le silence : le vide laissé par le départ

La mort d'un père crée un silence particulier, un vide qui n'est pas seulement physique mais aussi symbolique. Ce silence est celui de la maison, des habitudes, des conseils qui ne seront plus donnés. Mais ce silence n'est pas un néant : il devient un espace de méditation, de recueillement, où l'on mesure la profondeur de ce qui a été transmis. Les souvenirs tremblent car ils oscillent entre la douleur de la perte et la douceur de la mémoire.

. Les racines de l'amour : une présence invisible mais durable

Si l'arbre est tombé, ses racines demeurent. Cette image est essentielle : elle montre que l'amour d'un père ne disparaît pas avec lui. Les racines symbolisent l'héritage affectif, moral et spirituel qu'il a laissé. Elles continuent de nourrir l'âme des enfants, même dans l'absence. L'ombre évoque une présence discrète mais constante : le père continue d'habiter la mémoire et l'identité de ceux qui l'ont aimé. Ainsi, la mort n'efface pas l'amour : elle le transforme en une force souterraine, invisible mais toujours agissante.

. Dimension universelle et philosophique

Cette citation dépasse le cadre familial pour toucher à une vérité universelle : les êtres que nous perdons continuent de vivre en nous. Elle illustre la résilience humaine : apprendre à vivre avec l'absence, tout en s'appuyant sur l'héritage affectif et moral transmis. Elle invite à voir la mort non pas comme une rupture totale, mais comme une transformation du lien : visible devient invisible, mais toujours présent. Elle rejoint des réflexions philosophiques et spirituelles sur la mémoire, la filiation et la permanence de l'amour au-delà de la vie.

En conclusion, la citation exprime avec force la complexité du deuil : la douleur de l'absence, mais aussi la permanence de l'amour. Le père, tel un arbre, peut tomber, mais ses racines demeurent, nourrissant l'âme de ses enfants. Ainsi, la mort n'est pas une fin absolue : elle est une métamorphose du lien, qui passe de la présence visible à la mémoire invisible. Cette pensée nous invite à accueillir le deuil non seulement comme une perte, mais aussi comme une transmission, une continuité, une manière de rester habité par ceux qui nous ont aimés.

14. « À la fin, j'ai compris que nos aînés sont nos enfants, mais en barbes. »

Interprétation

Cette citation est paradoxale et poétique : elle joue sur l'idée que le temps et les générations se reflètent les unes dans les autres.

Les aînés comme nos enfants

- Dire que « nos aînés sont nos enfants » peut sembler contradictoire, mais cela traduit une vérité symbolique : les générations sont liées dans un cycle. Les aînés, par leur sagesse et leur expérience, nous rappellent ce que nous deviendrons. Ils sont comme des « enfants du temps » que nous avons engendrés collectivement, car leur existence précède la nôtre et nous façonne. En miroir, nos enfants sont aussi nos aînés en devenir : ils porteront un jour la barbe de l'âge et deviendront les sages de demain.

La barbe comme signe du temps

- La barbe est une métaphore visible du passage des années. Elle incarne la maturité, l'expérience, parfois la sagesse. Dire que les aînés sont « nos enfants en barbes » signifie que ce sont les mêmes êtres que nous, mais avancés dans le temps, marqués par l'âge. La barbe devient le symbole de la continuité : elle montre que l'enfant d'hier est devenu l'aîné d'aujourd'hui.

Le cycle des générations

- Cette phrase souligne que la frontière entre enfants et aînés est relative : chacun est l'enfant de quelqu'un et l'aîné de quelqu'un d'autre.

- Elle exprime la circularité de la vie : nous naissons enfants, nous grandissons, nous devenons aînés, et ainsi de suite. Les générations ne s'opposent pas, elles se prolongent. L'enfant est le futur vieillard, et le vieillard est l'enfant qui a grandi.

Le message global

- La citation nous invite à voir la vie comme une continuité, où les rôles se transforment mais ne s'effacent pas. Nos aînés portent en eux l'enfant qu'ils ont été, et nos enfants portent en eux l'aîné qu'ils deviendront. Ainsi, l'existence est un miroir : ce que nous voyons dans nos aînés, c'est notre propre avenir, et ce que nous voyons dans nos enfants, c'est notre propre passé qui renaît.

Cette pensée poétique nous rappelle que le temps est un fil qui relie toutes les générations. Les aînés ne sont pas étrangers à nous : ils sont nos enfants vieillis, nos reflets dans le futur. Et nos enfants ne sont pas seulement l'avenir : ils sont déjà porteurs de la barbe du temps qui viendra.

Table des matières

Kolibri 360 GmbH
Ferdinand-Jühlke-Straße 7
99095 Erfurt, Deutschland
produktsicherheit@kolibri360.de

Druck:
CPI Druckdienstleistungen GmbH
im Auftrag der
Kolibri 360 GmbH
Ferdinand-Jühlke-Str. 7
99095 Erfurt